신기하고 재밌는

양서·파충류 도감

신기하고 재밌는
양서·파충류 도감

초판 인쇄 2025년 01월 05일
초판 발행 2025년 01월 11일

지은이 씨엘
펴낸이 진수진
펴낸곳 혜민BOOKS

주소 경기도 고양시 일산서구 대산로 53
출판등록 2013년 5월 30일 제2013-000078호
전화 031-911-3416
팩스 031-911-3417

* 가격은 표지 뒷면에 표기되어 있습니다.

신기하고 재밌는

양서·파충류 도감

글 · 그림 **씨엘**

차례

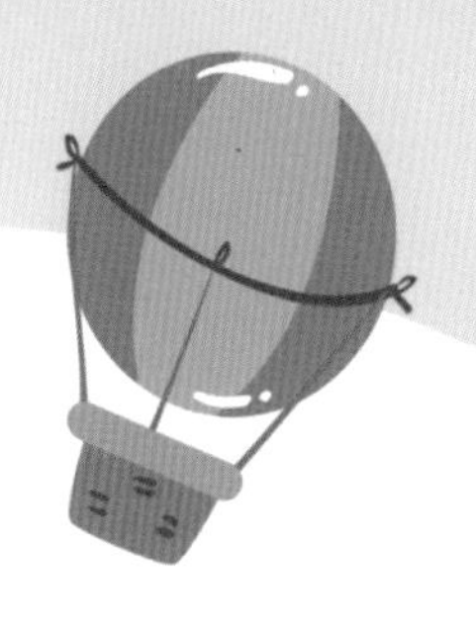

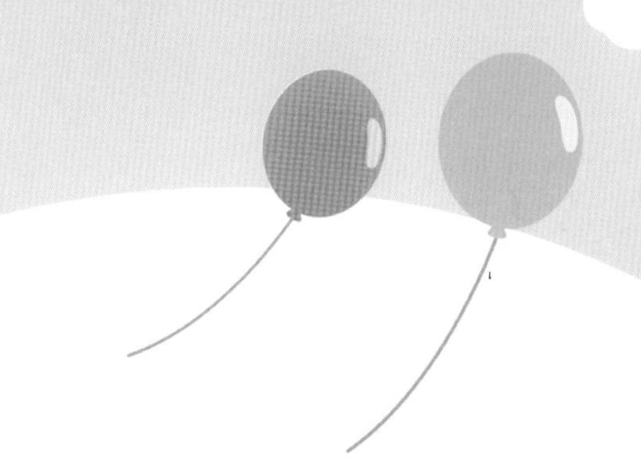

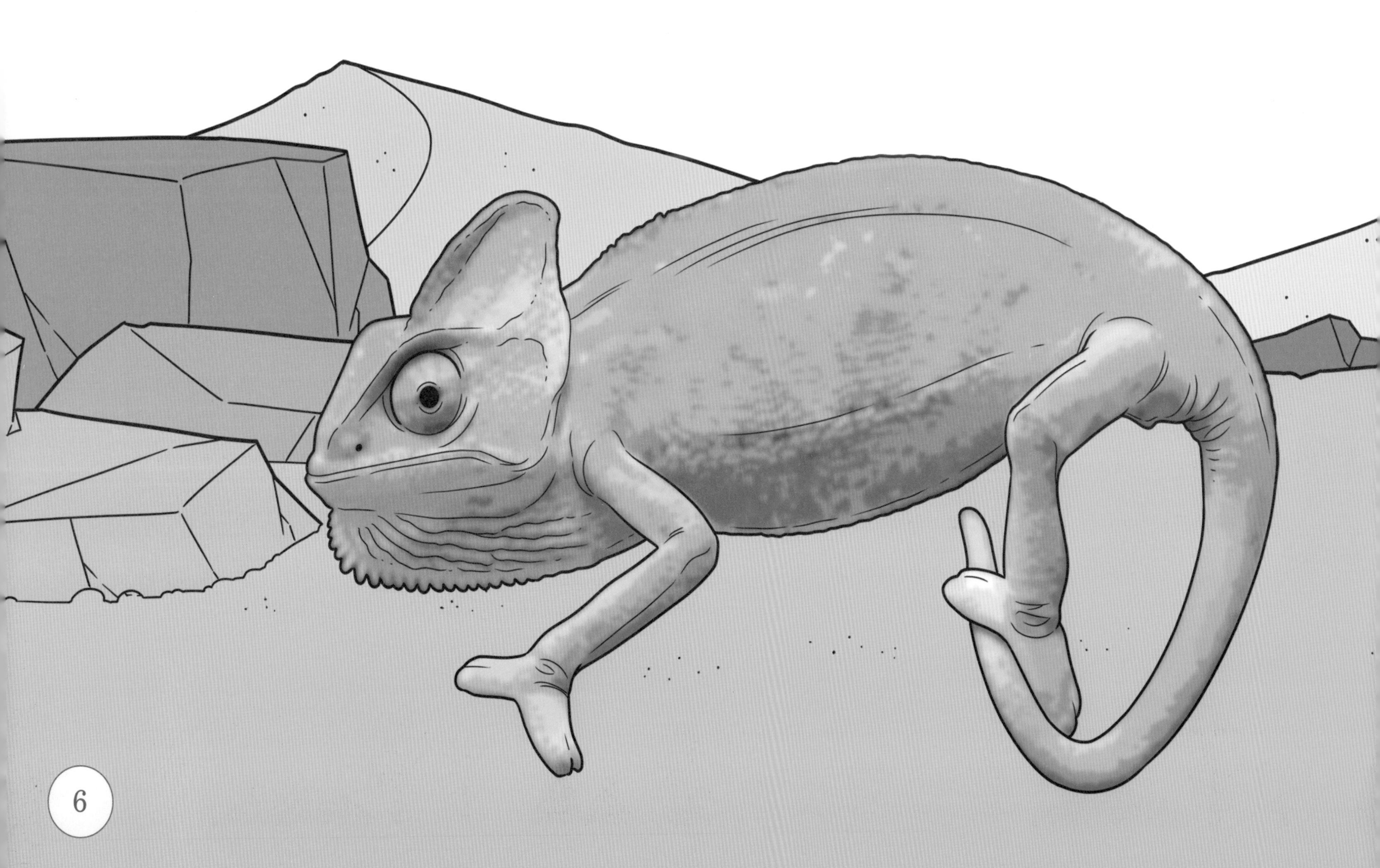

베일드카멜레온

영어 '베일드(veiled)'는 '분명하게 드러나지 않는', '가면을 쓴'이라는 뜻입니다. 이름에서 알 수 있듯 이 동물은 신비한 면이 많지요. 무엇보다 머리 위에 5센티미터 크기의 투구를 쓴 듯한 모습이 눈에 띕니다. 투구는 암수 모두 갖고 있지요. 베일드카멜레온의 몸길이는 수컷의 경우 45~68센티미터에 달합니다. 암컷은 그보다 작아 30~40센티미터쯤 되지요. 그리고 암컷의 몸매가 전체적으로 통통해 보이는 특징이 있습니다. 몸 색깔은 막 부화한 새끼의 경우 밝은 녹색이며, 성장할수록 줄무늬가 발달합니다. 성체는 대개 녹색을 띠지만 환경과 생식 주기에 따라 색깔이 달라지지요. 또한 여느 카멜레온처럼 길고 끈적거리는 혀를 갖고 있고, 눈동자를 자유롭게 회전시켜 서로 다른 방향을 동시에 볼 수 있습니다. 수컷은 뒷발에 돌기가 나 있어 암컷과 구별되기도 하지요. 베일드카멜레온은 주로 나무 위에서 생활하며 곤충과 식물의 잎 등을 즐겨 먹습니다. 아라비아반도가 주요 서식지로 햇빛과 더위에 강하지요. 번식기의 암컷은 땅으로 내려와 한 번에 수십 개의 알을 낳습니다. 수명은 10~15년 정도입니다.

분포지 예멘, 사우디아라비아 등 아라비아반도

크기 몸길이 30~68센티미터, 몸무게 110~140그램

먹이 곤충, 소형 도마뱀, 식물의 잎, 과일 등

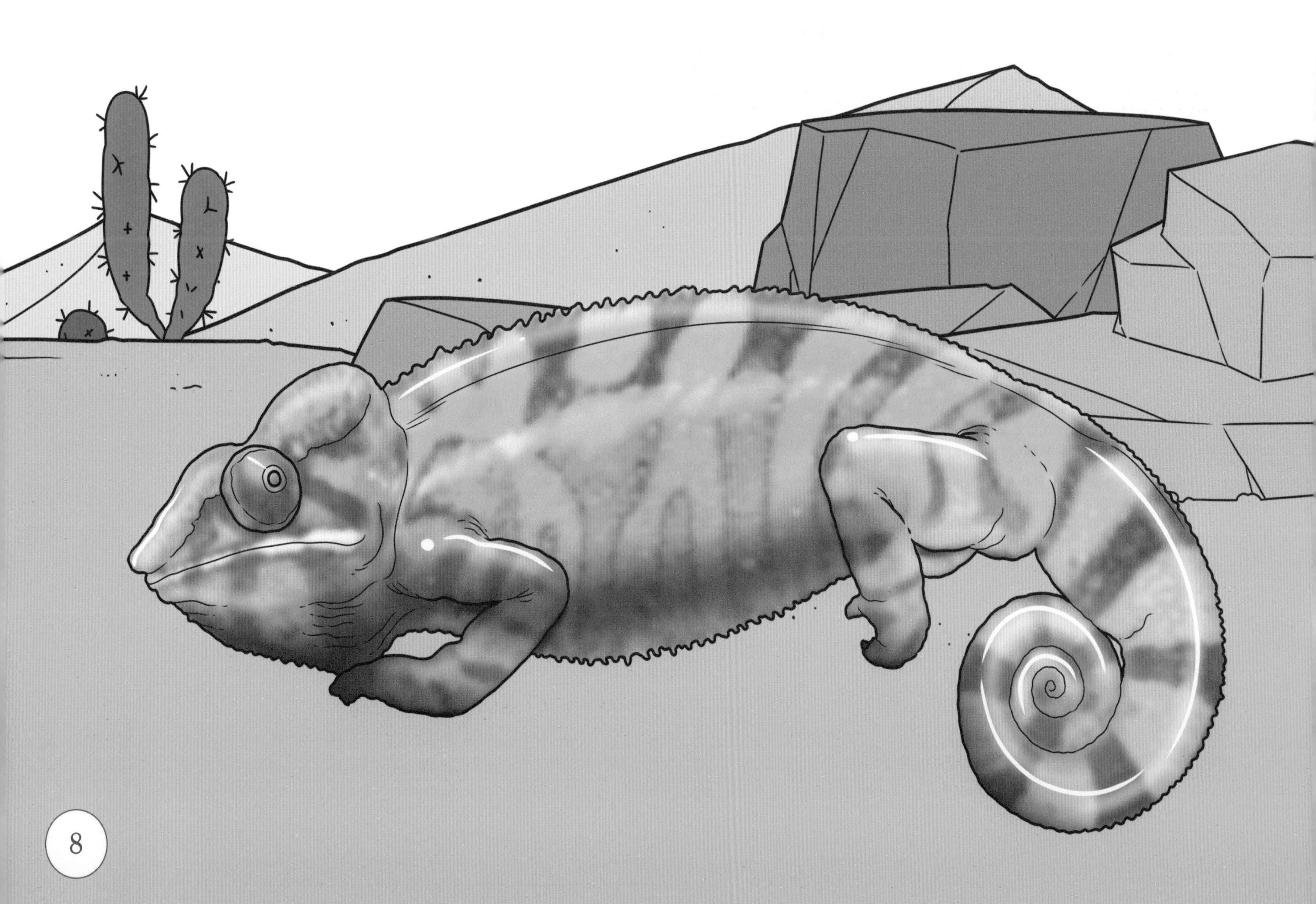

팬서카멜레온

아프리카 마다가스카르가 원산지인 카멜레온입니다. 그곳이 열대우림 지역인 만큼 고온다습한 날씨를 좋아하지요. 여느 카멜레온이 그렇듯 심리 상태나 환경에 따라 색깔이 변하는데, 대개 밝은 색을 띠는 경우가 많습니다. 하지만 암컷이 수컷을 경계할 때처럼 위급한 상황에서는 전체적인 몸 색깔이 어두운 빛으로 바뀌지요. 팬서카멜레온의 크기는 수컷이 40센티미터 안팎, 암컷이 20센티미터 안팎입니다. 평균 수명도 수컷이 암컷보다 길지요. 암컷의 수명이 3~5년인데 비해 수컷은 4~7년 정도입니다. 팬서카멜레온 역시 대부분의 카멜레온처럼 나무 위에서 주로 생활하며, 몸길이보다 긴 혀를 이용해 다양한 곤충을 잡아먹지요. 최근 들어 팬서카멜레온은 애완동물로 널리 사랑받고 있습니다. 몸 색깔의 변화가 다채롭기 때문이지요. 하지만 상대적으로 짧은 수명이 단점으로 손꼽힙니다. 암컷은 일생 동안 5~8번 산란하는데, 한 번에 20~40개의 알을 땅속에 낳습니다.

분포지 예멘, 사우디아라비아 등 아라비아반도

크기 몸길이 20~40센티미터, 몸무게 60~100그램

먹이 다양한 곤충(사육 환경에서는 밀웜, 귀뚜라미 등)

파슨카멜레온

카멜레온 종류 중 몸집이 매우 큰 편입니다. 보통 몸길이가 47~70센티미터 정도 되지요. 아프리카 마다가스카르의 열대우림 지역에 서식하며, 몸 색깔은 초록색이나 청록색을 띨 때가 많습니다. 이따금 노란색이나 주황색을 내보이는 경우도 있고요. 암수 모두 옆구리에 노란색이나 흰색 얼룩이 드러나는 특징이 있습니다. 수컷은 코 부분에 뿔 같은 돌기가 있어, 얼핏 공룡의 생김새를 연상시키기도 하지요. 파슨카멜레온의 머리 형태는 삼각형입니다. 크기도 제법 크지요. 아울러 따로 움직일 수 있는 눈을 가졌으며, 몸길이의 2배에 이르는 혀는 끈적거리는 성질이 있어 먹이 활동에 유리합니다. 주로 다양한 곤충을 잡아먹지요. 그런데 때로는 작은 포유류나 조류까지 사냥해 화제가 되기도 합니다. 파슨카멜레온은 번식기를 제외하고 단독생활을 합니다. 하루 중 대부분의 시간을 나무 위에서 꼼짝하지 않고 지내다가 먹잇감이 나타나면 빠르게 움직이지요. 평균 수명은 10년 안팎이며, 번식기의 암컷은 한 번에 20~30개의 알을 땅속에 낳습니다.

분포지 아프리카 마다가스카르

크기 몸길이 47~70센티미터, 몸무게 130~160그램

먹이 다양한 곤충, 소형 포유류 및 새

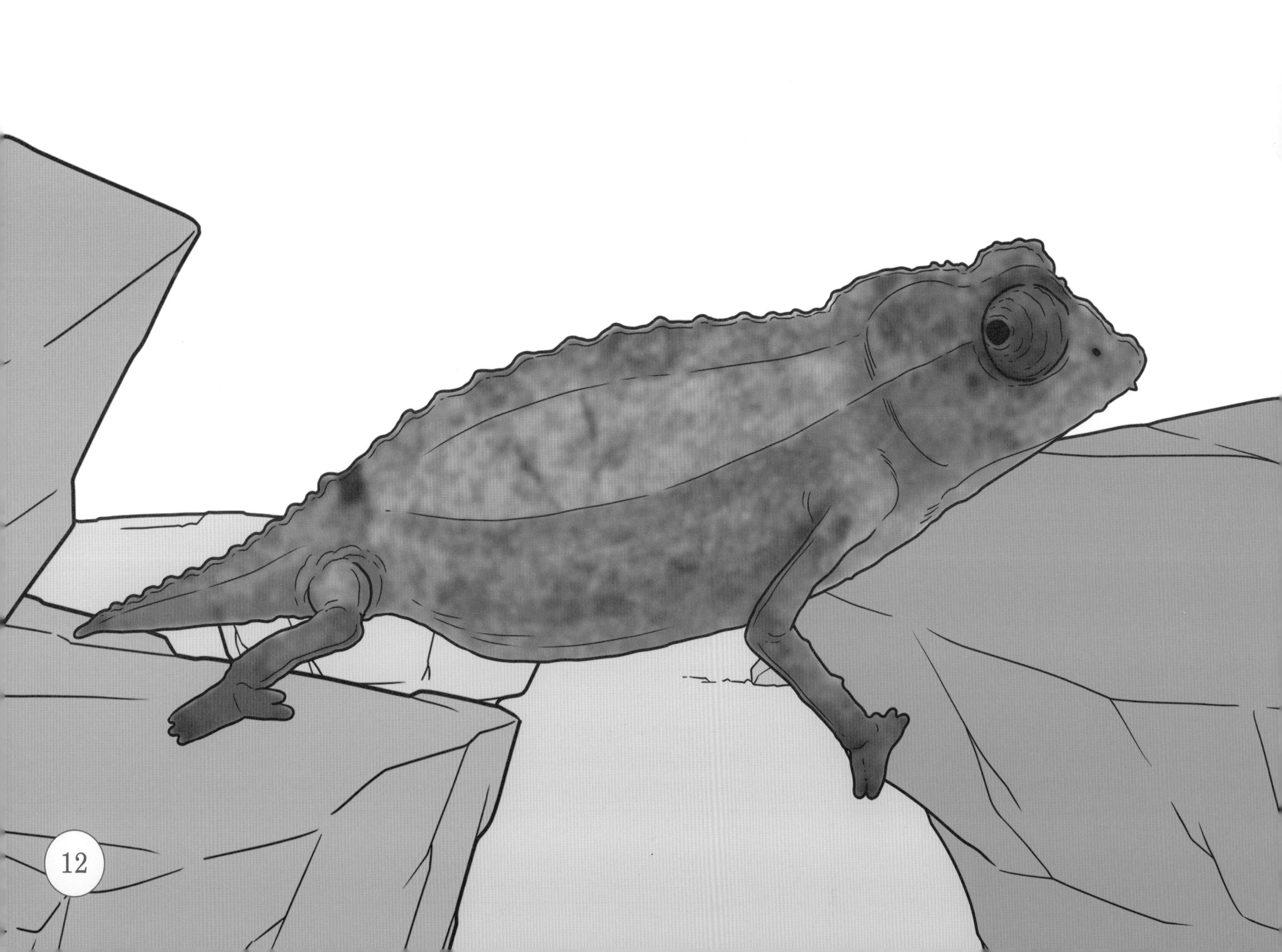

피그미카멜레온

대표적인 소형 카멜레온입니다. 피그미카멜레온의 몸길이는 대부분 2~5센티미터 정도지요. 몸집이 큰 종류도 10센티미터를 넘지 않습니다. 겉모습이 얼핏 나뭇잎 같아 보이는 것이 많은데, 여느 카멜레온과 달리 몸 색깔의 변화가 별로 없지요. 주로 갈색, 검은색, 회색 등을 띱니다. 흔히 우리가 알고 있는 카멜레온의 화려하고 밝은 색과는 거리가 멀지요.
피그미카멜레온은 아프리카 마다가스카르에 서식하며, 햇빛이 잘 들지 않고 습한 지역을 좋아합니다. 몸집이 작은 만큼 천적을 피해 마다가스카르 정글의 후미진 곳에 숨어 지내지요.천적이 지나가면 일부러 죽은 척해 위기를 벗어 날 때가 많습니다. 평소 활동 반경이 넓지 않아 좁은 공간에서도 잘 살지만, 높은 온도만큼은 반드시 피해야 하지요. 애완동물로 사육할 때는 26도를 넘겨서는 안 된다고 합니다. 피그미카멜레온은 작은 곤충을 주요 먹이로 삼아 생활합니다. 새끼의 경우 크기가 너무 작아 초파리 등을 잡아먹지요. 평균 수명은 5~7년으로 알려져 있으며, 번식기의
암컷은 한 번에 3~10개가량 알을 낳습니다.

분포지 아프리카 마다가스카르 **크기** 몸길이 47~70센티미터, 몸무게 130~160그램 **먹이** 작은 곤충

밀크스네이크

옛날 사람들 중 일부는 이 뱀이 우유를 먹는다는 미신을 가졌다고 합니다. 그래서 밀크스네이크라는 이름이 붙었지요. 또한 이 뱀의 학명에는 숫자 '3'의 의미가 담겨 있는데, 몸통에 세 가지 색깔이 조화를 이루는 것을 상징합니다. 실제로 밀크스네이크는 피부가 빨강, 검정, 노랑의 세 가지 색깔로 구성된 경우가 많지요. 밀크스네이크의 주요 서식지는 아메리카 대륙입니다. 숲을 비롯해 바위가 많은 산악 지역 등에 널리 분포하지요. 얼핏 맹독을 가진 산호뱀과 닮았지만, 밀크스네이크는 독이 없는 뱀입니다. 대부분 야행성으로 낮에는 바위 틈 같은 곳에 숨어 지내지요. 주요 먹이는 여느 뱀이 그렇듯 설치류, 조류, 새알, 물고기, 도마뱀 등입니다. 밀크스네이크의 몸길이는 0.5~2미터 정도입니다. 일반적으로 암컷이 수컷보다 크지요. 요즘은 화려한 색채 때문에 파충류 애호가들의 사랑을 받는 뱀으로 알려져 있습니다.
번식기의 암컷은 자연에서 6월쯤 5~20개의 알을 낳지요. 평균 수명은 15~20년입니다.

분포지 아메리카 대륙 **크기** 몸길이 0.5~2미터, 몸무게 200~350그램 **먹이** 설치류, 조류, 새알, 물고기, 도마뱀 등

레오파드게코

표범 무늬를 가진 도마뱀입니다. 성질이 순하고 별다른 소리를 내지 않아 애완동물로도 인기가 높지요. 다 자란 성체의 몸길이는 20~26센티미터입니다. 몸무게는 45~75그램 정도 나가고요. 도마뱀 종류 가운데 소형에 속하는 종입니다. 레오파드게코의 주요 서식지는 아시아 대륙의 파키스탄, 아프가니스탄, 인도 북부 등입니다. 크고 작은 돌이 많고 일부 식물의 생장이 가능한, 사막과 비슷한 환경에서 살아가지요. 그런 지역은 일교차가 커서 뜨거운 낮 대신 밤에 활동하는 경우가 많습니다. 평균 수명은 10~15년으로 알려져 있지요. 사육하는 경우 그 이상 살기도 하지만, 천적이 있는 자연에서는 수명이 천차만별입니다. 레오파드게코는 곤충이나 애벌레를 즐겨 먹습니다. 사육 환경에서는 귀뚜라미, 밀웜, 메뚜기 등을 먹이로 주지요. 레오파드게코의 몸 색깔은 흰색에 가까운 민무늬, 갈색 얼룩무늬, 검정 얼룩무늬를 비롯해 주황색을 띠는 것까지 다양합니다.

분포지 파키스탄, 아프가니스탄, 인도 북부 등

크기 몸길이 20~26센티미터, 몸무게 45~75그램

먹이 곤충, 애벌레 등

크레스티드게코

'볏도마뱀붙이'라고도 불리는 소형 도마뱀입니다. 주요 서식지는 남서태평양에 위치한 뉴칼레도니아 남부지요. 이 동물의 존재는 1866년 프랑스 동물학자에 의해 세상에 처음 알려졌습니다. 그 후 개체수가 계속 줄어들어 한때 멸종된 것으로 조사되기도 했지요. 지금도 자연 상태에서는 세계적인 멸종 위기 종으로 보호받고 있습니다. 다만 파충류 애호가들이 애완동물로 키워 사육 환경에서는 그 수가 제법 늘어났지요. 크레스티드게코의 몸길이는 15~25센티미터입니다. 몸무게는 35~70그램 정도고요. 몸 색깔은 야생에서 민무늬, 흰무늬, 호피무늬를 나타내는 경우가 많습니다. 사육 환경에서는 붉은색, 주황색, 노란색, 회색, 갈색 등 좀 더 다양한 빛을 띠지요. 이 종의 눈에 띄는 특징은 눈 위에 속눈썹을 닮은 돌기가 있다는 점입니다. 또한 천적 앞에서 스스로 꼬리를 자르면 다시 자라나지 않는 점도 주목할 만하지요. 크레스티드게코는 곤충과 애벌레 등을 즐겨 먹습니다. 그 밖에 꽃이나 과즙 등을 먹이로 삼기도 하지요. 번식기의 암컷은 한배에 2개의 알을 낳습니다.

뉴칼레도니아 남부

크기 몸길이 15~25센티미터, 몸무게 35~70그램

먹이 곤충, 애벌레, 과즙 등

레드아이아머드스킨크

눈 주변 피부가 붉은빛을 띠는 도마뱀입니다. 그런 까닭에 눈이 실제보다 더 커 보이지요. 이 도마뱀의 머리는 삼각형 형태로, 마치 투구를 쓴 것 같습니다. 또한 악어처럼 몸과 꼬리에 가시 돌기가 삐죽삐죽 솟아 있지요. 그와 같은 모습 때문에 외국에서는 '크로커다일스킨크'라고 부르기도 합니다. 하지만 겉모습과 다르게 성질은 매우 온순하고 겁이 많지요. 포식자가 나타나면 죽은 척 연기해 위기를 벗어납니다. 때로는 몇 시간씩 꼼짝하지 않는 경우도 있다고 하지요. 레드아이아머드스킨크의 주요 서식지는 인도네시아, 뉴기니, 파푸아뉴기니 등입니다. 그곳의 습도 높은 열대우림에서 살아가며 곤충, 애벌레, 지렁이 등을 주로 잡아먹지요. 이 도마뱀의 몸길이는 15~20센티미터까지 자라나며, 몸무게는 35~60그램 정도입니다. 평균 수명은 대략 10~15년으로 알려져 있고요. 그러나 야생에서 천적이 있고 없음에 따라, 사육 환경에서는 주인의 보살핌에 따라 수명이 크게 달라집니다.

분포지 인도네시아, 뉴기니, 파푸아뉴기니 등

크기 몸길이 15~20센티미터, 몸무게 35~60그램

먹이 곤충, 애벌레, 지렁이 등

자이언트데이게코

‘큰낮도마뱀붙이’라고도 부릅니다. ‘마다가스카르자이언트데이게코’라고도 하지요. 이름에서 알 수 있듯 아프리카 마다가스카르 북부의 열대 삼림이 주요 서식지입니다. 자이언트라는 표현에서 몸집이 굉장히 크지 않을까 짐작하겠지만, 여느 도마뱀붙이와 큰 차이는 없지요. 자이언트데이게코의 몸길이는 25~30센티미터 정도입니다. 몸무게는 70~85그램쯤 되고요. 자이언트데이게코는 주행성 동물로 낮에 먹이 활동을 합니다. 다양한 곤충을 비롯해 무척추동물이나 작은 척추동물을 잡아먹지요. 과일과 꿀을 먹기도 합니다. 자연 상태에서 영역 싸움이 치열해 수컷끼리는 죽음을 무릅쓰고 다툼을 벌일 때가 많습니다. 평균 수명은 6~10년으로 알려져 있습니다. 자이언트데이게코의 몸 색깔은 대부분 밝은 초록색입니다. 콧구멍에서 눈까지 이어진 붉은 줄무늬가 눈에 띄지요. 머리와 등에도 붉은 점이나 붉은 줄무늬가 나 있는 개체를 흔히 볼 수 있습니다. 일부 개체는 자그마한 푸른 점이 보이기도 하고요. 아울러 성체가 되면 목 부분에 큰 주머니가 생기는 특징도 있습니다.

분포지 마다가스카르 북부 **크기** 몸길이 25~30센티미터, 몸무게 70~85그램 **먹이** 곤충, 작은 동물, 과일, 꿀 등

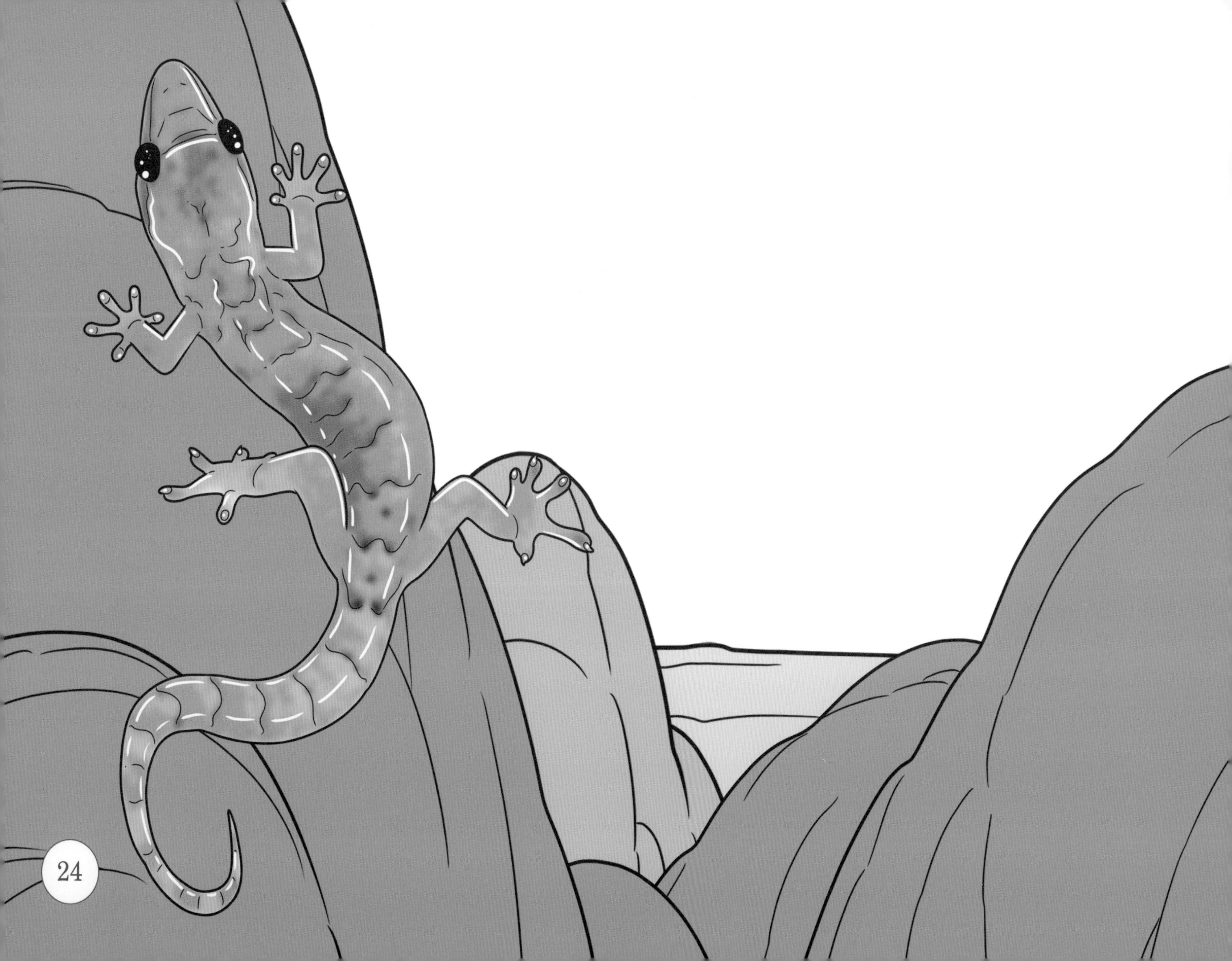

모어닝게코

지구상의 동물은 수컷과 암컷이 짝짓기를 해야 번식합니다. 하지만 모든 동물이 그런 것은 아니지요. 암컷과 수컷이 수정하지 않고 새로운 개체를 만드는 생식 방법이 있습니다. 그런 것을 '처녀 생식'이라고 하는데, 일부 어류와 파충류 등이 해당합니다. 모어닝게코도 바로 그와 같은 사례 중 하나지요. 모어닝게코는 인도네시아, 필리핀, 싱가포르 등 주로 동남아시아 지역에 분포합니다. 다 자란 성체의 몸길이가 7~10센티미터밖에 안 되지요. 몸무게는 10그램 안팎이고요. 몸 색깔은 대부분 연한 갈색이나 진한 갈색 바탕에 다양한 무늬가 형성되어 있습니다. 주요 먹이는 곤충과 벌레인데, 모어닝게코의 크기가 작은 만큼 몸집이 커다란 것은 잡아먹지 못하지요. 흔히 모어닝게코는 사회성이 뛰어나다고 알려져 있습니다. 따라서 애완동물로 키울 때 여러 마리를 함께 사육하는 것이 가능하지요. 또한 겁이 많고 매우 민첩해 약간의 자극에도 재빨리 몸을 숨긴다고 합니다. 참, 영어 단어 '모어닝'에 '구슬프게 우는 소리'라는 의미가 담겨 있는 만큼 자주 특유의 소리를 내기도 합니다.

분포지 인도네시아, 필리핀, 싱가포르 등 **크기** 몸길이 7~10센티미터, 몸무게 10그램 안팎 **먹이** 곤충, 벌레

사바나모니터

왕도마뱀의 일종입니다. '사바나왕도마뱀', '보스크모니터'라고도 하지요. 이름에서 알 수 있듯, 아프리카 대륙의 사바나 기후 지역에 주로 서식합니다. 나무가 별로 없고, 풀과 덤불이 우거진 초원 지대를 좋아하지요. 특히 버려진 흰개미집이나 설치류의 집, 말라죽은 나무 구멍 등에 숨어 지내는 경우가 많다고 합니다. 사바나모니터 성체의 몸길이는 80~150센티미터에 이릅니다. 몸무게도 0.8~1.8킬로그램에 달하는 대형 파충류지요. 주요 먹이는 각종 곤충을 비롯해 굼벵이, 달팽이, 새알, 심지어 쥐와 병아리 같은 작은 동물을 잡아먹기도 합니다. 몸 색깔은 크림색이나 회색, 오렌지색, 검은색 바탕에 다채로운 문양을 나타내지요. 사바나모니터는 사나워 보이는 생김새와 달리 온순한 성격을 갖고 있습니다. 평균 수명은 8~15년이지요. 자연 상태에서는 우기가 시작되거나 끝날 때쯤 짝짓기를 해 한배에 10~50개의 알을 낳습니다. 부화에는 5~6개월의 시간이 필요합니다.

분포지 아프리카 대륙의 사바나 기후 지역

크기 몸길이 80~150센티미터, 몸무게 0.8~1.8킬로그램

먹이 곤충, 굼벵이, 달팽이, 새알, 쥐 등

블루텅스킨크

우리말로 이름을 옮기면 '푸른혀도마뱀'이라고 할 수 있습니다. 말 그대로 푸른 혀가 눈에 띄는 도마뱀이지요. 그 밖에 넓은 머리와 미끄러운 비늘로 덮인 통통한 몸, 짧은 다리와 가늘고 긴 꼬리 등 개성적인 모습을 지녔습니다. 머리 부분만 보면 얼핏 뱀이 아닐까 착각할 정도지요. 야생에서 적을 만나면 푸른 혀를 흔들어 상대를 위협합니다. 블루텅스킨크 성체의 몸길이는 35~60센티미터쯤 됩니다. 몸무게는 400~650그램에 달하지요. 몸 색깔은 밝은 갈색 바탕에 옅은 주황색 줄무늬를 나타냅니다. 좀 더 짙은 갈색 바탕에 검은색에 가까운 줄무늬를 띠는 개체도 있지요. 주요 서식지는 오스트레일리아이며, 뉴기니와 태즈메이니아 섬에도 일부 분포합니다. 잡식성 식성을 지녀 곤충을 비롯해 과일, 채소 등을 즐겨 먹지요. 때로는 다른 파충류를 잡아먹기도 합니다. 겁이 많아 자신의 보금자리에서 잘 벗어나지도 않지요. 평균 수명은 10~15년이고, 어미가 몸속에서 알을 부화시켜 번식하는 난태생 도마뱀입니다.

분포지 오스트레일리아, 뉴기니, 태즈메이니아 섬

크기 몸길이 35~60센티미터, 몸무게 400~650그램

먹이 곤충, 과일, 채소, 작은 파충류 등

유로메스틱스게리

아프리카 대륙 북동부지역에 서식하는 도마뱀입니다. 온도가 높고 습도가 낮은 환경을 좋아하지요. 애완동물로 사육하는 경우 35~45도로 온도를 유지해줘야 할 정도입니다. 그에 비해 습도는 20~30퍼센트로 낮아야 하지요. 유로메스틱스게리는 겉모습이 전체적으로 투박해 보입니다. 머리가 큰 편이고, 몸통과 팔다리가 통통하며, 굵은 꼬리는 돌기가 솟은 형태지요. 몸 색깔은 대개 주황빛이나 노란빛을 띱니다. 성체의 몸길이는 50~80센티미터까지 자라지요. 몸무게는 80~130그램쯤 나갑니다. 성질은 온순하며 겁이 많은 편이고요. 대부분의 도마뱀은 곤충과 벌레를 즐겨 먹습니다. 심지어 다른 파충류 같은 작은 동물을 잡아먹는 도마뱀도 있지요. 하지만 유로메스틱스게리는 오로지 채식만 하는 독특한 식성을 갖고 있습니다. 채식을 통해 충분한 수분을 공급받아 물도 별로 마시지 않는다고 하지요. 평균 수명은 10년 안팎으로 알려져 있습니다.

분포지 아프리카 북동부 지역 **크기** 몸길이 50~80센티미터, 몸무게 80~130그램 **먹이** 채소

토케이게코

토케이게코라는 이름은 울음소리에서 유래했습니다. ‘토케이도마뱀붙이’라고도 하지요. 태국, 베트남, 인도네시아, 필리핀, 인도, 뉴기니, 하와이 등에 서식합니다. 야행성 파충류로서 곤충을 비롯해 거미, 지네 등을 즐겨 잡아먹지요. 토케이게코의 외모는 화려하고 다채롭습니다. 몸 색깔이 초록빛 바탕에 붉은 점을 가진 것, 하얀색 바탕에 검은 점을 가진 것, 하늘색 바탕에 붉은 점을 가진 것 등 다양하지요. 성체의 몸길이는 18~50센티미터에 이르며, 몸무게는 65~150그램입니다. 성질은 무척 사나운 편이라고 알려져 있습니다. 따라서 사육할 때는 각별한 주의가 필요하지요. 자칫 손가락을 물릴지 모르니까요. 토케이게코의 수컷은 자신의 영역을 지키려는 성향이 강합니다. 그래서 다른 수컷이 침입하면 죽기를 각오하고 싸우지요. 암컷은 번식기가 되면 한 번에 한두 개의 알을 낳아 부화할 때까지 돌보는 습성이 있습니다. 알을 지키는 암컷 역시 침입자에 대해 매우 날카로운 모습을 보이지요.

분포지 태국, 베트남, 인도네시아, 필리핀, 인도, 뉴기니, 하와이 등

크기 몸길이 18~50센티미터, 몸무게 65~150그램

먹이 곤충, 거미, 지네 등

호스필드육지거북

최초 발견자 토마스 호스필드에게서 이름이 유래했습니다. 우즈베키스탄, 아프가니스탄, 파키스탄, 이란, 인도 등 중앙아시아와 서아시아 지역에 주로 서식하지요. 주요 분포지가 북반구인 만큼 다른 육지거북에 비해 낮은 기온에서도 잘 생존합니다. 사육 환경에서는 28~30도 온도에 비교적 낮은 습도를 유지해주는 것이 좋지요. 호스필드육지거북은 성체의 크기가 15~25센티미터로 여느 육지거북보다 몸집이 작습니다. 수컷보다 암컷이 크며, 몸무게는 2~7킬로그램 정도지요. 평균 수명은 30~50년입니다. 주로 애호박, 치커리, 얼갈이 같은 채소를 즐겨 먹습니다. 이따금 과일을 먹기도 하고요. 호스필드육지거북은 다른 육지거북에 비해 공격적인 성향을 띠는 것으로 알려져 있습니다. 따라서 먹이나 영역을 두고 서로 들이받으며 경쟁하는 모습을 종종 볼 수 있지요. 또한 호스필드육지거북은 앞발의 발톱이 발달해 땅을 잘 파는 습성을 가졌습니다. 기온이 낮아지면 땅을 파고 들어가 수개월씩 동면하기도 하지요.

분포지 우즈베키스탄, 아프가니스탄, 파키스탄, 이란, 인도 등

크기 몸길이 15~25센티미터, 몸무게 2~7킬로그램

먹이 애호박, 치커리, 얼갈이, 양상추 등

레오파드육지거북

'표범무늬거북'이라고도 합니다. 등갑의 모양이 마치 표범 같아서 붙여진 이름이지요. 주요 서식지는 아프리카 동부와 남부 지역이며, 요즘은 세계 각지에서 애완동물로 널리 사랑받고 있습니다. 성질이 온순하다는 점이 매력적이지요. 또한 설카타거북이나 호스필드육지거북과 달리 땅을 파는 습성이 없어 마당에 풀어놓고 키우기도 좋습니다. 레오파드육지거북은 몸길이가 35~60센티미터까지 성장합니다. 몸무게는 8~18킬로그램 정도 나가지요. 육지거북들 가운데 중간 크기의 종이라고 할 수 있습니다. 먹이는 여느 육지거북처럼 애호박, 치커리, 양상추, 청경채, 당근 같은 채소를 즐겨 먹지요. 이따금 과일을 먹기도 하고요. 평균 수명은 50년 이상 된다고 합니다. 레오파드육지거북은 등갑이 높게 솟은 형태라 몸이 뒤집힌 상태에서 쉽게 일어나는 특징이 있습니다. 주로 낮에 활동하며, 번식기가 되면 수컷끼리 치열한 경쟁을 펼치지요. 암컷은 번식기에 다섯 번 정도 산란하는데, 보통 한배에 5~30개의 알을 낳습니다.

분포지 아프리카 대륙 동부와 남부

크기 몸길이 35~60센티미터, 몸무게 8~18킬로그램

먹이 애호박, 치커리, 양상추, 청경채, 당근 등

체리헤드육지거북

흔히 '체리헤드레드풋육지거북'이라고 합니다. 머리 부분에 붉은빛이 도는데다 다리 등에도 붉은 반점이 있어 지금의 이름으로 불리게 됐지요. 가이아나, 브라질 등 중앙아메리카와 남아메리카 지역이 주요 서식지입니다. 고온다습한 초원 지대에서 살아가지요. 체리헤드육지거북은 20~35센티미터까지 성장합니다. 대개 수컷이 암컷보다 크게 자라지요. 몸무게는 5~11킬로그램 정도 나갑니다. 평균 수명은 약 50년 안팎이고요. 주로 낮에 먹이 활동을 하는데 채소를 위주로 곤충, 애벌레, 달팽이 등을 먹는 잡식성 거북이지요. 채식만 할 경우 단백질이 부족해 건강에 문제가 생긴다고 합니다. 체리헤드육지거북과 유사한 종으로 '레드풋육지거북'이 있습니다. 이 거북은 머리 부분이 붉은빛을 띠지 않는다는 점만 빼고 대부분의 습성과 식성이 체리헤드육지거북과 비슷하지요. 겉모습의 작은 차이로 이름이 달라지는 것이 재미있지 않나요? 참, 거북이는 대부분 음식을 통해 비타민D를 섭취하지 못하므로 체리헤드육지거북도 일광욕이 꼭 필요합니다.

분포지 가이아나, 브라질 등 중앙아메리카와 남아메리카

크기 몸길이 20~35센티미터, 몸무게 5~11킬로그램

먹이 다양한 채소 및 곤충, 애벌레, 달팽이 등

마지나타육지거북

육지거북은 '땅거북'이라고도 합니다. 대개의 육지거북은 등갑이 매우 단단하게 발달되어 있지요. 또한 기본적으로 초식을 하고 수명이 길다는 공통점이 있습니다. 마지나타육지거북 역시 그와 같은 육지거북의 특징을 고루 가졌습니다. 잘 발달된 등갑이 넓고, 다리가 짧지요. 특히 마지나타육지거북은 성체가 되었을 때 등갑의 아래쪽이 치마처럼 펼쳐지는 개성적인 모습을 자랑합니다. 몸길이는 20~35센티미터, 몸무게는 10킬로그램 안팎이지요. 다 자라면 성인의 손보다 조금 더 큰 모습입니다. 마지나타육지거북의 주요 서식지는 그리스와 이탈리아 같은 유럽 남부 지역입니다. 아울러 발칸 반도에도 서식하는 것으로 알려져 있지요. 이 거북은 30도 안팎의 온도에, 습도가 높지 않은 쾌적한 환경을 좋아합니다. 평균 수명은 40~60년이라고 하지요. 하지만 개체에 따라 70년 넘게 사는 경우도 적지 않습니다.
마지나타육지거북의 주요 먹이는 채소입니다. 치커리, 애호박, 청경채, 당근, 오이 등을 잘 먹지요.

분포지 그리스, 이탈리아, 발칸 반도

크기 몸길이 20~35센티미터, 몸무게 10킬로그램 안팎

먹이 치커리, 애호박, 청경채, 당근, 오이 등

동헤르만육지거북

이솝 우화 <토끼와 거북>의 모델이 바로 이 거북이라고 합니다. 동헤르만육지거북은 여러 육지거북 종류 가운데 소형에 속하지요. '헤르만'이라는 이름은 프랑스 자연학자 조한 헤르만에서 유래했다고 합니다. 갓 부화하면 몸길이가 4센티미터쯤 되는데, 성체로 자라나면 18~30센티미터에 이르지요. 몸무게는 4~8킬로그램 정도 됩니다. 동헤르만육지거북은 지중해와 가까운 이탈리아, 그리스, 마케도니아, 터키, 코르시카 섬, 사르데냐 섬 등이 주요 서식지입니다. 비교적 관리가 쉬운 거북이라 지금은 전 세계에서 널리 사육되고 있지요. 자연 상태에서는 민들레, 콩잎, 클로버 같은 식물을 비롯해 과일과 꽃도 즐겨 먹습니다. 사육 환경에서는 여느 육지거북처럼 치커리, 애호박, 청경채 등을 먹이로 주지요. 평균 수명은 30~50년 정도입니다. 동헤르만육지거북은 영리한데다 후각이 발달되어 있습니다. 무더운 낮에는 은신처에서 숨어 지내다가 날씨가 서늘해지면 밖으로 나와 먹이 활동을 하지요. 기온이 10도 이하로 내려가면 동면에 들어가기도 합니다.

분포지 이탈리아, 그리스, 마케도니아, 터키, 코르시카 섬, 사르데냐 섬 등

크기 몸길이 18~30센티미터, 몸무게 4~8킬로그램

먹이 치커리, 애호박, 청경채, 민들레, 콩잎, 클로버, 과일, 꽃 등

서헤르만육지거북

헤르만육지거북은 동헤르만육지거북과 서헤르만육지거북으로 구분합니다. 서헤르만육지거북이 동헤르만육지거북에 비해 등갑의 반점이 많고 선명하지요. 서헤르만육지거북의 반점이 좀 더 응집되어 있는 형태이기도 하고요. 또한 서헤르만육지거북의 크기가 동헤르만육지거북보다 작은 편입니다. 서헤르만육지거북의 몸길이는 10~23센티미터쯤 되지요. 몸무게도 대부분 5~6킬로그램을 넘지 않고요. 서헤르만육지거북의 주요 서식지는 유럽 남부 지역입니다. 이탈리아, 코르시카 섬, 사르데냐 섬을 비롯해 스페인과 프랑스 일부 지역에서도 볼 수 있지요. 이 거북은 30도 안팎의 온도에 습 40~50퍼센트의 환경을 좋아합니다. 평균 수명은 30~50년이고요. 서헤르만육지거북은 주요 먹이도 동헤르만육지거북과 비슷합니다. 다양한 채소와 꽃, 과일 등을 즐겨 먹지요. 서헤르만육지거북 역시 헤르만육지거북의 일종이므로 이솝 우화 <토끼와 거북>의 모델인 것으로 알려져 있습니다.

분포지 이탈리아, 코르시카 섬, 사르데냐 섬, 스페인 동부, 프랑스 남부

크기 몸길이 10~23센티미터, 몸무게 5~6킬로그램 이내

먹이 다양한 채소와 꽃, 과일 등

별거북

등갑의 아름다운 별무늬가 매력적인 거북입니다. 인도, 스리랑카, 파키스탄 등에 주로 분포하지요. 서식 지역에 따라 '인도별거북', '스리랑카별거북' 등으로 구분합니다. 별거북은 독특한 등갑 문양 때문에 남획되어, 지금은 자연 상태에서 멸종 위기에 처해 있지요. 별거북의 몸길이는 15~30센티미터입니다. 몸무게는 2~8킬로그램 정도 되고요. 보통 인도별거북보다 스리랑카별거북의 몸집이 더 큽니다. 또한 별거북은 암컷이 수컷보다 크게 자라는데, 더 많은 알을 낳기 위해 그렇게 진화했다고 하지요. 번식기의 암컷은 한배에 3~6개의 알을 낳습니다. 평균 수명은 50년 안팎으로 알려져 있고요. 별거북은 등갑의 모양이 야트막한 산처럼 볼록합니다. 그래서 몸이 뒤집혀도 쉽게 일어날 수 있지요. 성질은 예민한 편이라, 사람이 사육할 때는 세심하게 주의를 기울여야 합니다. 30도 내외에 습도가 50~60퍼센트 정도인 환경을 좋아하지요.

야생에서는 다양한 풀과 꽃, 과일 등을 즐겨 먹습니다. 사육 환경에서는 주로 치커리, 애호박, 청경채 같은 채소를 먹이로 주지요. 참고로, 시금치나 버섯류는 먹이지 않는 편이 좋다고 합니다.

분포지 인도, 스리랑카, 파키스탄 등

크기 몸길이 15~30센티미터, 몸무게 2~8킬로그램

먹이 다양한 풀과 채소, 꽃, 과일 등

리버쿠터터틀

리버쿠터터틀은 반수생 거북입니다. 반수생이란, 물과 땅을 오가며 생활하는 생물을 일컫지요. 이 거북은 물에서 지내는 시간이 훨씬 많지만, 햇볕을 쬘 때나 산란 시에는 반드시 땅으로 올라옵니다. 리버쿠터터틀의 성체는 몸길이가 25~40센티미터에 달합니다. 몸무게는 2.5~6킬로그램 정도지요. 등갑의 색깔은 짙은 녹색으로 검은빛을 띱니다. 배 부분은 노란색, 주황색이거나 검은색이 섞인 무늬를 나타내지요. 머리 부분의 줄무늬는 노란색이나 주황색입니다. 원래 리버쿠터터틀은 미국 중부와 동부를 중심으로 서식했습니다. 돌과 수생식물이 풍부한 넓은 강가에서 주로 발견되지요. 하지만 애완동물로 사랑받으면서 세계 각지로 퍼져 갔습니다. 우리나라에서는 2020년 생태계 교란종으로 지정되어 수입과 유통이 금지되었지요. 그래서 요즘은 비슷한 외모를 가진 페닌슐라쿠터를 주로 키운다고 합니다.

리버쿠터터틀의 평균 수명은 20~30년입니다. 수생식물의 잎과 줄기, 뿌리를 비롯해 작은 물고기 등을 즐겨 먹지요. 야생에서는 겨울잠을 자기도 합니다.

분포지 미국 중부와 동부 등 **크기** 몸길이 25~40센티미터, 몸무게 2.5~6킬로그램 **먹이** 수생식물, 작은 물고기 등

이스턴머드터틀

미국 플로리다, 텍사스, 미시시피 등에 주로 서식합니다. 육지와 물을 오가며 생활하는 반수생 거북이라 시냇가나 호수, 습지 근처에서 생활하지요. 야생에서는 날씨가 추워지면 겨울잠을 자기 때문에 진흙이나 모래가 있는 곳을 좋아합니다. 또한 날씨가 무더우면 진흙에 몸을 파묻고 쉬는 것을 볼 수 있는데, 이름에 '머드'가 들어가는 것만 봐도 그와 같은 습성을 짐작할 수 있지요. 이스턴머드터틀은 성체의 크기가 7~10센티미터로 작습니다. 몸무게도 0.7~1.2킬로그램 안팎에 불과하지요. 평균 수명은 20~30년이고, 번식기의 암컷은 한 번에 2~5개의 알을 낳습니다. 먹이는 육식과 채식을 가리지 않지요. 야생에서는 작은 물고기, 조개, 달팽이, 거미, 지렁이 등을 즐겨 먹습니다. 수생식물의 잎과 줄기, 뿌리도 잘 먹고요. 이스턴머드터틀의 등갑은 짙은 갈색입니다. 검은빛이 섞인 모습이기도 하지요.
배 부분은 연한 갈색이거나 노란빛을 띱니다.

분포지 미국 플로리다, 텍사스, 미시시피 등

크기 몸길이 7~10센티미터, 몸무게 0.7~1.2킬로그램 안팎

먹이 수생식물, 작은 물고기, 조개, 달팽이, 거미, 지렁이 등

웨스턴페인티드터틀

미국 대부분의 지역과 캐나다 남부, 멕시코 일부 지역에 서식하는 거북입니다. 페인티드터틀의 한 종류로 성체는 15~25센티미터까지 자라지요. 몸무게는 1~3킬로그램 정도고요. 참고로 페인티드터틀은 웨스턴페인티드터틀, 이스턴페인티드터틀, 써든페인티드터틀로 구분합니다. 웨스턴페인티드터틀의 등갑은 평평한 형태이며 짙은 녹색입니다. 배 부분에는 주황색과 검은색으로 이루어진 무늬가 있지요. 머리, 목, 꼬리, 다리에 노란색 줄무늬가 있는 것도 눈에 띄는 특징입니다. 보통 암컷의 크기가 수컷보다 큰데, 발톱은 수컷이 더 긴 편이지요. 평균 수명은 40~50년입니다. 웨스턴페인티드터틀은 식물성 먹이와 동물성 먹이를 모두 가리지 않고 잘 먹습니다. 수생식물을 비롯해 작은 물고기, 벌레, 곤충 등을 주요 먹이로 삼지요. 이 거북은 빨리 자라는 데다 배 부분의 색깔이 아름다워 애완동물로도 인기가 높습니다.

분포지 미국, 캐나다 남부, 멕시코 일부 지역

크기 몸길이 15~25센티미터, 몸무게 1~3킬로그램

먹이 수생식물, 작은 물고기, 벌레, 곤충 등

레이저백머스크터틀

미국을 중심으로 북아메리카 대륙에 분포하는 거북입니다. 물살이 세지 않은 강이나 호수, 늪지대에 주로 서식하지요. 반수생에 속하지만 대부분의 시간을 물속에서 생활합니다. 성체의 몸길이는 12~15센티미터이며, 몸무게는 1킬로그램 안팎이지요. 등갑이 볼록한 점이 눈에 띄고, 색깔은 밝은 갈색이나 은회색 등을 띠는 개체가 많습니다. 성체가 되어도 별로 크지 않은데다 등갑의 모습이 예뻐 애완동물로 인기가 높지요. 레이저백머스크터틀은 '리틀스내퍼'라는 별명으로 불리기도 합니다. 몸집에 비해 입으로 무는 힘이 강하고 발톱이 날카로워 먹이 활동에 유리하지요. 여느 반수생 거북처럼 잡식성으로 수생식물을 비롯해 작은 물고기, 곤충, 벌레 등을 즐겨 먹습니다. 환경 적응력도 뛰어나 생명력이 무척 강한 것으로 알려져 있지요. 참고로, '레이저백'이라는 영어 단어는 '면도칼처럼 날카로운 등'이라는 의미를 갖고 있습니다. '머스크터틀'은 '사향 거북'이라는 뜻이고요. 사람이 느낄 수는 없지만, 이 거북은 위기 상황 때 악취가 나는 분비물을 상대에게 내뿜는다고 합니다.

분포지 미국을 중심으로 한 북아메리카 대륙

크기 몸길이 12~15센티미터, 몸무게 1킬로그램 안팎

먹이 수생식물, 작은 물고기, 곤충, 벌레 등

아홀로틀

‘멕시코도롱뇽’이라고도 불리는 점박이도롱뇽과 양서류입니다. ‘우파루파’라는 재미있는 이름도 있지요. 주요 서식지는 멕시코 중부 지역인데, 개체 수가 부쩍 줄어들어 이제는 호히밀코라는 호수에서만 그 모습을 볼 수 있다고 합니다. 물론 사육 환경에서는 아직 개체 수가 제법 남아 있지요. 이 양서류는 번식이 까다롭지 않고 신체 재생 능력이 뛰어나 애완동물이나 과학 연구용으로 사랑받고 있습니다. 놀랍게도 심장까지 재생한다고 하지요. 오늘날에는 유전자 관련 연구, 신경관 폐쇄 연구, 심장 결함 연구 등에 아홀로틀을 이용한 다양한 실험이 진행되고 있습니다. 자연 생태계뿐만 아니라 의학 연구에도 없어서는 안 될 동물이지요. 아홀로틀은 몸길이가 15~45센티미터에 이릅니다. 변태 과정 없이 어렸을 적 모습 그대로 자라나는 유형성숙을 하지요. 주요 먹이는 모기 유충, 실지렁이, 어린 물고기 등입니다.
평균 수명은 10년 안팎으로 알려져 있습니다.

분포지 멕시코 중부 지역 **크기** 몸길이 15~45센티미터 **먹이** 어린 물고기, 모기 유충, 실지렁이 등

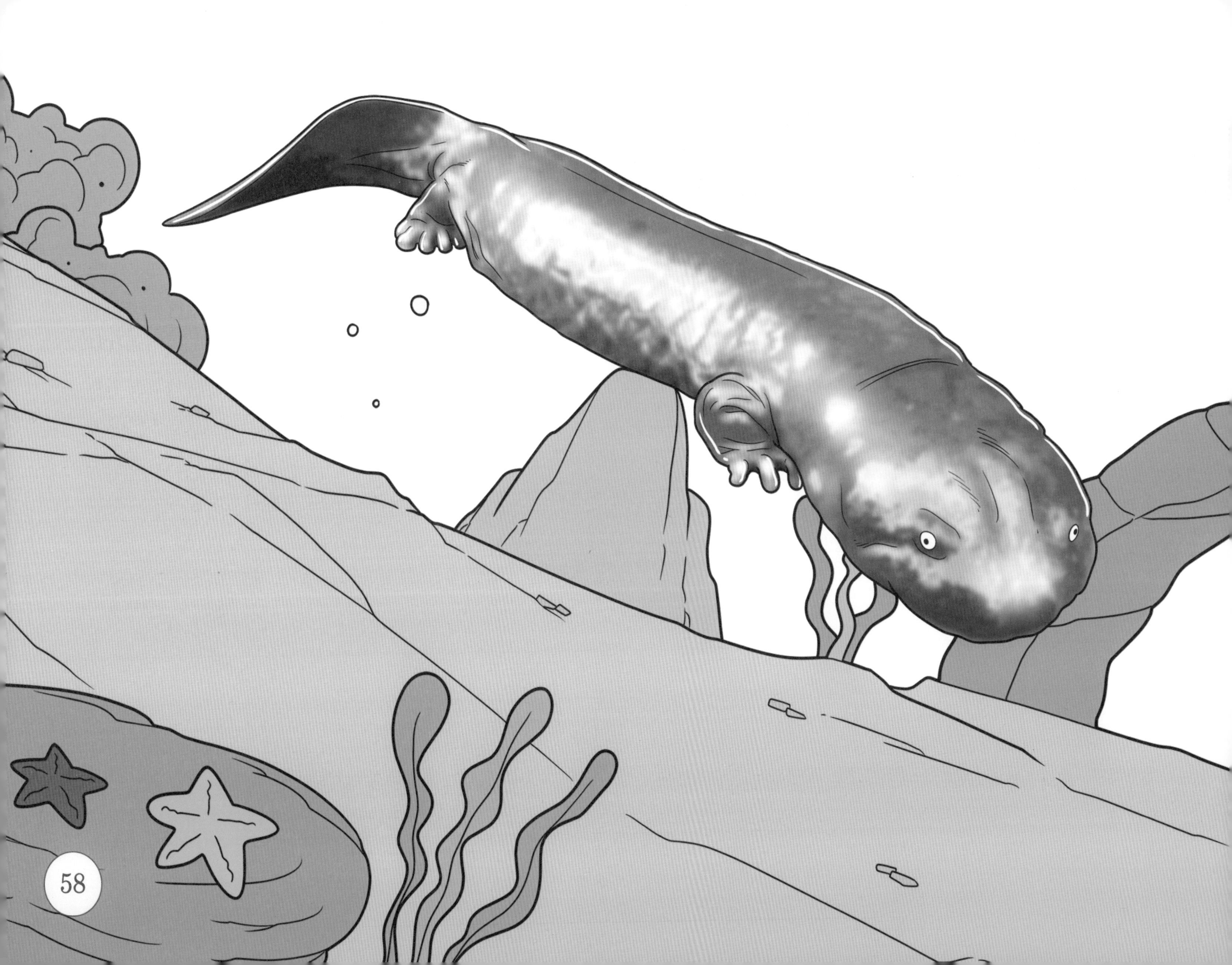

왕도롱뇽

장수도롱뇽과에 속하는 덩치 큰 양서류를 가리킵니다. 미국 동부 지역을 비롯해 일본, 중국 등에 주로 분포하지요. 미국에 서식하는 것을 특별히 '헬벤더'라고 하는데, 겉모습이 지옥에서 온 악마 같다고 하여 그와 같은 이름이 붙었습니다. 또한 일본에 서식하는 것은 '일본왕도롱뇽', 중국에 서식하는 것은 '중국왕도롱뇽'이라고 부르지요. 왕도롱뇽의 크기는 50~180센티미터에 달합니다. 현재 존재하는 양서류 가운데 가장 크지요. 양서류 치고는 수명도 길어서 사육 환경에서 약 50년까지 생존한다고 합니다. 주요 먹이는 물고기를 비롯해 게, 새우 같은 갑각류지요. 왕도롱뇽은 움직임이 빠르지 않아 직접 먹잇감을 쫓기보다는 지형지물을 이용한 매복 사냥을 합니다. 왕도롱뇽은 아가미 없이 피부 호흡을 하는 동물입니다. 눈이 퇴화되어 시력이 매우 약한 대신 코끝의 감각이 발달했지요. 몸 색깔은 전체적으로 검은 갈색이며, 울퉁불퉁한 피부에 점액이 묻어 있어 질감이 매끈합니다. 과거 일부 지역에서는 왕도롱뇽을 음식 재료로 사용하기도 했지요.

분포지 미국 동부, 일본, 중국 등 **크기** 몸길이 50~180센티미터 **먹이** 물고기, 게, 새우 등

케인두꺼비

‘지팡이두꺼비’, ‘수수두꺼비’라고도 합니다. 주요 분포지는 중앙아메리카와 남아메리카 지역이지요. 요즘은 호주에도 서식하는데, 사탕수수 농사를 망치는 회색등딱정벌레를 박멸하기 위해 들여온 것이 자연에서 크게 번식했습니다. 케인두꺼비는 10~30센티미터까지 자라는 대형 두꺼비입니다. 몸무게 역시 1킬로그램이 훌쩍 넘기도 하지요. 게다가 머리 뒷부분에 작은 포유동물을 죽일 만큼의 맹독이 뿜어져 나오는 액낭을 갖고 있습니다. 또한 먹성도 좋아 개구리, 물고기, 도마뱀, 쥐, 새, 곤충, 작은 뱀 등을 닥치는 대로 잡아먹지요. 오죽하면 호주에서는 이 두꺼비를 생태계 교란종으로 지정해 대대적으로 퇴치하려는 움직임을 보이고 있습니다. 케인두꺼비는 번식력도 매우 강합니다. 태어난 지 1년이면 성체가 되는데, 번식기의 암컷은 한 번에 8천~3만5천 개의 알을 낳지요. 그 알들 중 극히 일부가 성체로 자라나지만, 평균 수명도 10~15년에 이르러 개체 수가 빠르게 늘어납니다.

분포지 중앙아메리카, 남아메리카, 호주

크기 몸길이 10~30센티미터, 몸무게 1킬로그램 안팎

먹이 개구리, 물고기, 도마뱀, 쥐, 새, 곤충, 작은 뱀 등

장식뿔개구리

브라질, 콜롬비아, 볼리비아, 에콰도르, 가이아나, 페루 등에 분포하는 양서류입니다. 나뭇잎이 우거진 숲이나 습지 주변에 서식하지요. 머리 위쪽이 뿔처럼 솟아 있고, 머리와 입이 몸에 비해 커다랗습니다. 몸 색깔은 대부분 황갈색이며, 등에는 다양한 반점과 줄무늬가 있지요. 그런 모습은 나뭇가지나 낙엽 속에 있을 때 천적의 눈에 띄는 것을 방지합니다. 장식뿔개구리는 몸길이가 7~17센티미터까지 자라납니다. 작은 뱀, 개구리, 쥐, 새, 곤충 등을 즐겨 잡아먹지요. 앞서 설명했듯 입이 크기 때문에 제법 몸집이 큰 먹잇감도 수월하게 삼킬 수 있습니다. 평균 수명은 10년 안팎으로 알려져 있지요. 장식뿔개구리는 집단생활을 할 경우 다른 개체에게 공격적인 성향을 보입니다. 특히 수컷들 간에는 영역 다툼이 매우 치열하지요. 번식기의 수컷은 소가 우는 듯한 울음소리를 내 암컷을 유혹합니다. 그 소리가 어찌나 큰지 1킬로미터 밖에서도 들을 수 있다고 하지요. 장식뿔개구리의 알은 10여 일 만에 부화하고, 90일 정도면 성체가 됩니다.

분포지	브라질, 콜롬비아, 볼리비아, 에콰도르, 가이아나, 페루 등	크기	몸길이 7~17센티미터
먹이	작은 뱀, 개구리, 쥐, 새, 곤충 등		

독화살개구리

중앙아메리카와 남아메리카에 분포하는 개구리입니다. '독개구리'라고도 하지요. 피부에서 맹독이 분비되는데, 과거 원주민들이 이 개구리의 독을 채취해 무기를 만들었기 때문에 독화살개구리라는 이름을 얻게 됐습니다. 원주민들은 이 독화살을 사냥이나 전쟁에 사용했지요. 독화살개구리 또한 피부에서 분비되는 독을 이용해 곤충을 잡아먹습니다. 독화살개구리는 매우 화려한 피부색을 자랑합니다. 검은색 바탕에 노란 줄무늬가 있거나 파란색 바탕에 검은 반점, 또는 붉은색이나 오렌지색 등을 띠지요. 그와 같은 독화살개구리의 몸 색깔은 일종의 경계색입니다. 그것은 자신에게 독이 있으니 가까이 다가오지 말라는 경고 신호라고 할 수 있지요. 독화살개구리의 몸집은 작은 편입니다. 보통 1~2센티미터 안팎이며, 크게 자라 봤자 6센티미터를 넘는 경우가 거의 없지요. 그래서 작은 곤충을 주요 먹이로 삼는 것입니다.
그렇다고 해서 독화살개구리를 얕잡아보고 건드렸다가는 피부의 독 때문에 낭패를 보기 십상입니다.
뱀도 예외가 아니지요. 평균 수명은 7~9년으로 알려져 있습니다.

분포지 중앙아메리카와 남아메리카 **크기** 몸길이 1~6센티미터 **먹이** 곤충, 벌레 등

만텔라개구리

아프리카 마다가스카르가 주요 서식지인 개구리입니다. 양서류답게 습한 환경을 좋아하는 터라 주로 깊은 동굴에 숨어 살지요. 동굴 바닥에서 별 움직임 없이 지내며 주로 낮에 먹이 활동을 합니다. 곤충과 벌레 등을 즐겨 잡아먹지요.
만텔라개구리는 성체의 크기가 3~5센티미터에 불과한 소형 개구리 중 하나입니다. 무엇보다 조화로운 밝은 색상의 몸 색깔이 아름다워 사람들의 눈길을 사로잡지요. 연두색, 파란색, 검은색, 노란색 등이 섞여 신비한 매력을 뽐내기 때문입니다. 일부 개체는 다리 쪽이 표범 무늬처럼 보이기도 하지요. 하지만 그런 점이 남획의 이유가 되어 최근에는 개체 수가 급격히 줄어들었습니다. 만텔라개구리가 사는 야생 환경은 온도가 별로 높지 않습니다. 따라서 사육 환경도 20도 안팎에 맞추는 것이 적절하지요. 아무리 온도가 높아도 25~27도를 넘기지 않아야 합니다. 또한 높은 습도를 유지하는 것도 중요하지요. 그래야만 건강하게 성장하며, 번식도 할 수 있습니다.

분포지 아프리카 마다가스카르 **크기** 몸길이 3~5센티미터 **먹이** 곤충, 벌레 등

뿔두꺼비

겉모습이 두꺼비와 비슷하지만 파충류의 일종인 '뿔도마뱀'입니다. 대개의 도마뱀과 달리 둥글둥글한 타원형 몸통에, 몸과 머리 뒷부분에 뿔 모양의 돌기가 솟아 있지요. 몸 색깔은 서식지의 환경에 따라 갈색, 회색, 흑갈색 등 조금씩 차이를 보입니다. 주요 분포지는 미국 서부 지역과 멕시코, 과테말라 등이지요. 뿔두꺼비는 성체의 크기가 6~16센티미터 정도입니다. 주로 낮에 먹이 활동을 하며 개미를 비롯해 다양한 곤충과 거미 등을 잡아먹지요. 대부분 건조한 지역에서 살아가는데, 몸통의 뿔 모양 돌기가 비늘 역할을 해 수분 손실을 막아줍니다. 또한 몸 색깔이 건조한 땅의 흙 색깔과 비슷해 천적으로부터 몸을 숨기기에 안성맞춤이지요. 실제로 먹이 활동을 하지 않을 때는 모래나 흙 속에 몸을 파묻고 있을 때가 많습니다. 그런데 뿔두꺼비의 독특한 습성이라면 뭐니 뭐니 해도 눈을 통해 적에게 피를 뿜는 행동입니다. 위급한 상황에 눈으로 피를 모아 실핏줄을 터뜨리는 것이지요. 그렇게 갑자기 피를 뿜으면 상대가 놀라 달아나게 됩니다. 손상된 각막은 금방 회복되어 아무 문제 없지요.

분포지 미국 서부, 멕시코, 과테말라 등 **크기** 몸길이 6~16센티미터 **먹이** 개미를 비롯한 다양한 곤충과 거미

물왕도마뱀

왕도마뱀의 일종입니다. 인도, 인도네시아, 필리핀, 베트남, 태국, 말레이시아, 스리랑카, 미얀마 등에 분포합니다. '말레이왕도마뱀'이라고도 하지요. 몸길이 2.5~3미터, 몸무게 10~30킬로그램에 이르는 대형 도마뱀입니다. 물속에서 꼬리를 이용해 헤엄치는 데 능숙하지요. 다리 근육이 발달해 달리기 속도도 빠릅니다. 물왕도마뱀은 목이 두껍고 길며, 튼튼한 꼬리는 옆으로 납작한 형태입니다. 몸에 견고한 비늘이 덮여 있는데, 머리 위의 비늘은 크고 배의 비늘은 작지요. 몸의 색깔은 짙은 갈색이나 검은색을 띱니다. 물왕도마뱀은 달리기와 수영 실력이 뛰어나 사냥을 할 때 편리합니다, 육식성 동물로 쥐 같은 작은 포유동물을 비롯해 개구리, 물고기, 도마뱀, 새 등을 잡아먹지요. 움직임이 민첩해 일단 먹잇감을 쫓으면 놓치는 법이 거의 없습니다. 물왕도마뱀은 강기슭이나 물이 가까운 산림에 굴을 파고 서식합니다. 이따금 나무 위에 올라가 생활하는 경우도 있지요. 새끼가 아닌 알로 번식하는데, 한 번에 약 15개를 낳습니다.

분포지 인도, 인도네시아, 필리핀, 베트남, 태국, 말레이시아, 스리랑카, 미얀마 등

크기 몸길이 2.5~3미터, 몸무게 10~30킬로그램

먹이 작은 포유동물, 개구리, 물고기, 도마뱀, 새, 새알 등

볼파이톤

우리말로 '공비단뱀'이라고 합니다. 상대에게 위협을 받으면 몸을 공처럼 말아 한가운데에 머리를 밀어 넣는 습성 때문에 붙여진 이름이지요. 그런데 비단뱀들은 거의 모두 이런 습성을 지니고 있다고 합니다. 이 뱀은 아프리카 대륙에 분포하며, 지금은 전 세계 파충류 애호가들에게 널리 사랑받고 있습니다. 볼파이톤의 크기는 몸길이 1~1.8미터, 몸무게 1.4~1.7킬로그램 정도입니다. 보통 암컷이 수컷보다 몸집이 크지요. 성격이 온순한 것을 넘어 겁이 무척 많습니다. 따라서 사육할 때도 은근히 예민한 모습을 보인다고 합니다. 볼파이톤은 온몸에 갈색과 흑색 또는 연회색과 흑색, 베이지색과 노란색 등이 어우러진 다양한 모프를 내보입니다. 여기서 모프란, 파충류가 색이나 무늬를 통해 드러내는 개성적인 모습을 일컫습니다. 볼파이톤은 독이 없어 몸으로 먹잇감을 질식시킨 뒤 천천히 삼킵니다. 야생에서는 쥐, 개구리, 새 같은 작은 포유동물이 주식이지요. 많은 뱀들이 그렇듯, 1~2주에 한 번만 먹이를 먹어도 생존에 문제가 없다고 합니다.

분포지 아프리카 대륙의 숲과 초원　**크기** 몸길이 1~1.8미터, 몸무게 1.4~1.7킬로그램　**먹이** 쥐, 개구리, 새 등

비어디드래곤

'턱수염도마뱀'이라고도 합니다. 오스트레일리아에 분포하는 도마뱀이지요. 주로 유칼립투스 숲이나 사막 지대에 서식합니다. 이 동물이 턱수염도마뱀이라는 이름으로도 불리는 까닭은 턱에 수염 같은 가시들이 있기 때문입니다. 그것은 일종의 비늘이라고 할 수 있는데, 머리 뒤에서 좌우 양쪽을 따라 발달된 모습입니다. 상대를 향해 흥분해서 목을 부풀리면 더욱 도드라져 보이지요. 비어디드래곤의 몸 색깔은 황갈색을 중심으로 개체에 따라 농도에 조금씩 차이를 보입니다. 등에는 진한 무늬가 불규칙하게 나 있는 경우가 많지요. 또한 등에도 가시 같은 비늘이 있습니다. 여느 도마뱀처럼 꼬리는 길고, 네 다리는 몸에 비해 짤막하지요. 꼬리를 포함한 몸길이는 40~60센티미터, 몸무게는 350~450그램 정도입니다. 비어디드래곤은 겉모습과 달리 성질이 온순한 편입니다. 다만 행동이 매우 민첩하고, 이따금 점프를 할 때도 있지요. 주요 먹이는 각종 곤충과 벌레를 비롯해 야채와 과일 등입니다. 평균 수명은 야생에서 3~5년, 바람직한 사육 환경에서는 10년 안팎입니다.

분포지 오스트레일리아 **크기** 몸길이 40~60센티미터, 몸무게 350~450그램 **먹이** 곤충, 벌레, 야채, 과일 등

킹스네이크

킹스네이크는 우리말로 '왕뱀'입니다. 독은 없지만, 몸통으로 죄는 힘이 강해 다른 뱀들을 자주 잡아먹지요. 독에 대한 면역까지 있어, 심지어 독사를 사냥해 집어삼키기도 합니다. 이 뱀의 크기는 몸길이 1~2미터, 몸무게 1.3~1.8킬로그램 정도지요. 몸이 굉장히 큰 것은 아니지만, 강한 힘을 갖고 있고 다른 뱀들을 먹이로 삼는 까닭에 킹스네이크라는 이름이 붙었습니다. 물론 다른 뱀들처럼 쥐, 개구리, 새, 새알 등을 먹기도 하지요. 킹스네이크는 숲, 습지, 사막 등 다양한 지역에 서식합니다. 주요 분포지는 아메리카 대륙이지요. 북아메리카의 캐나다에서 남아메리카의 에콰도르까지 폭넓게 분포합니다. 주로 밤에 활동하는 야행성인데, 자기 머리보다 훨씬 큰 먹잇감도 별 문제 없이 집어삼키지요. 그 이유는 여느 뱀들처럼 턱뼈가 자연스럽게 분리되어 벌어지기 때문입니다. 또한 다른 뱀들처럼 한 번 먹이를 먹으면 한두 달가량 사냥을 못해도 거뜬히 버텨내는 강한 생존력을 가졌습니다. 킹스네이크는 같은 종도 큰 개체가 작은 개체를 잡아먹으므로 여러 마리를 함께 사육하면 안 되지요. 평균 수명은 10~20년입니다.

분포지 아메리카 대륙 **크기** 몸길이 1~2미터, 몸무게 1.3~1.8킬로그램 **먹이** 뱀, 쥐, 개구리, 새, 새알 등

악어거북

민물에 사는 거북이 중 세계에서 가장 큰 종입니다. 겉모습에서 느껴지는 단단하고 강렬한 이미지가 악어를 연상시켜 악어거북이라는 이름이 붙었지요. 이 동물은 등갑의 색깔부터 어둡고 칙칙한 흑청색에 가까워 매우 강인해 보입니다. 등갑의 돌기도 날카롭게 두드러진 모습이지요. 큰 머리와 견고한 턱, 짧고 튼튼한 네 다리 역시 상대에게 위압감을 줄 만합니다. 악어거북의 크기는 몸길이 0.8~1.2미터, 몸무게 50~100킬로그램 정도지요. 악어거북은 대부분의 시간을 물에서 생활합니다. 잠수 능력도 뛰어나 물속에서 먹이 활동을 하기에 적합하지요. 번식기가 아니면 땅으로 올라오는 경우가 별로 없습니다. 또한 단독 생활을 하며 같은 종끼리 잘 어울리지 않지요. 일단 알을 낳아놓으면 더 이상 신경 쓰지 않아 새끼를 보호하고 돌보는 모성애도 찾아볼 수 없습니다. 악어거북은 주로 미국 남동부에 분포합니다. 강바닥에 진흙이 쌓여 있고, 수생식물이 풍부한 곳을 좋아하지요. 잡식성 동물이라 수생식물을 비롯해 물고기, 개구리, 뱀, 가재, 달팽이, 작은 거북이 등을 즐겨 먹습니다.

분포지 미국 남동부 등

크기 몸길이 0.8~1.2미터, 몸무게 50~100킬로그램

먹이 수생식물, 물고기, 개구리, 뱀, 가재, 달팽이, 작은 거북이 등

구렁이

우리나라에서 볼 수 있는 뱀 가운데 가장 큰 종입니다. 한반도를 비롯해 중국 일부 지역, 시베리아 등에 분포하지요. 몸길이 1.3~2미터, 몸무게 10~18킬로그램 정도 됩니다. 독은 없으며, 녹색이 감도는 황갈색 몸에 검은 가로 줄무늬가 수십 개 나 있지요. 머리가 큰 편이며, 혀는 검은빛을 띱니다. 구렁이는 농가의 돌담이나 논밭 주변의 돌 틈, 방죽 등에 서식합니다. 퇴비 속에 알을 낳아두어 발효열로 부화시키는 경우도 있지요. 구렁이는 여러 뱀 종류 중 성질이 온순하고 비교적 움직임이 느린 것으로 알려져 있습니다. 농가 근처에 많이 사는 쥐를 비롯해 참새, 개구리, 두더지, 청설모, 새알 등을 즐겨 먹지요. 먹잇감을 발견하면 몸통으로 조여 숨통을 끊은 뒤 머리부터 통째로 삼킵니다. 옛날에는 우리 주변에 제법 흔했는데, 근래 들어서는 개체 수가 크게 줄어들어 멸종 위기 야생생물 2급으로 지정되었습니다. 구렁이는 야행성 동물입니다. 낮에는 바위나 나무 위에서 일광욕을 즐기기도 하지요. 늦가을 겨울잠에 들어가 4월 초부터 활동하며, 여름에 20개 안팎의 알을 낳아 번식합니다.

분포지 한반도, 중국 일부 지역, 시베리아 등

크기 몸길이 1.3~2미터, 몸무게 10~18킬로그램

먹이 쥐, 참새, 개구리, 두더지, 청설모, 새알 등

카이만

악어는 몸의 구조에 따라 '앨리게이터과', '크로커다일과', '가비알과'의 3과로 구분합니다. 그 중 카이만은 앨리게이터과에 속하지요. 앨리게이터과는 다시 4속 7종으로 나뉘는데 '안경카이만', '눈꺼풀카이만', '검정카이만', '미시시피악어', '양쯔강악어' 등이 해당됩니다. 이 종류는 입을 다물 때 아래턱의 이빨이 위턱 이빨의 안쪽으로 들어가는 특징이 있습니다. 아울러 위턱의 네 번째 이빨이 가장 크지요. 주둥이 길이가 상대적으로 짧은 편이고요. 카이만은 몸길이 1.2~4.5미터, 10~50킬로그램 정도입니다. 가장 작은 눈꺼풀카이만은 1.2미터 안팎, 가장 큰 검정카이만은 4미터가 넘지요. 안경카이만의 경우 몸길이가 2.5~3미터입니다. 하지만 모두 바다악어나 나일악어에 비하면 몸길이와 몸무게가 훨씬 작지요. 카이만은 등과 배의 비늘에 뼈와 같은 각질이 있어 '돌악어'라고도 불립니다. 다른 악어 종류에 비해 성질이 온순한 편이라 애완동물로 키우는 사람도 있지요. 주요 분포지는 중앙아메리카와 남아메리카입니다.
그 밖에 대부분의 습성은 여느 악어들과 비슷합니다.

분포지 중앙아메리카, 남아메리카

크기 몸길이 1.2~4.5미터, 몸무게 10~50킬로그램

먹이 작은 포유동물, 파충류, 물새 등

설카타거북

아프리카 북부와 중부 지역에 주로 분포하는 동물입니다. 건조한 초원 지대와 절반쯤 사막화가 이루어진 곳에 서식하지요. 이 종은 갈라파고스코끼리거북, 알다브라코끼리거북에 이어 세계에서 3번째로 큰 육지 거북으로 알려져 있습니다. 새끼 때는 아주 작고 귀엽지만 빠른 속도로 성장해 거대한 몸집을 뽐내게 되지요. 완전히 자라면 몸길이 70~100센티미터, 몸무게 80~120킬로그램에 이른다고 합니다. 설카타거북은 야생에서 굴을 파고 생활하는 습성이 있습니다. 앞발에 가시가 돋은 것처럼 뾰족뾰족한 돌기가 있는데, 이것을 이용해 효율적으로 땅을 파지요. 그와 같은 겉모습 때문에 설카타거북은 '가시거북'이라고 불리기도 합니다. 순식간에 6미터 이상의 굴을 파서 몸을 숨긴다고 하지요. 그런데 이 거북은 거대한 몸집에 어울리지 않게 초원의 풀과 열매 등을 주요 먹이로 삼습니다. 대신 한 번에 먹어치우는 양이 어마어마합니다. 설카타거북은 갈색을 띠는 등갑이 단단하기로도 유명합니다. 머리를 움츠리고 있으면 어떤 맹수도 해치지 못할 정도지요. 아울러 물이 부족한 환경도 잘 견뎌냅니다.

분포지 아프리카 북부와 중부 지역 **크기** 몸길이 70~100센티미터, 몸무게 80~120킬로그램 **먹이** 풀, 열매, 과일

갈라파고스코끼리거북

‘갈라파고스땅거북’, ‘갈라파고스자이언트거북’이라고도 합니다. 이름에서 알 수 있듯 갈라파고스 제도에만 서식하는 희귀 거북이지요. 갈라파고스 제도란, 남미 에콰도르의 영토로서 적도 주변에 19개의 화산섬 등으로 이루어진 지역을 일컫습니다. 오랫동안 고립되었던 곳이라 특이한 생명체들이 살고 있는 땅으로 잘 알려져 있지요. 갈라파고스코끼리거북은 육지 거북 중 몸집이 가장 큰 종입니다. 몸길이 1.2~1.8미터, 몸무게 400~500킬로그램에 이르는 거대한 파충류지요. 몸집이 워낙 크다 보니 걸음이 빠르지는 않지만 지구력이 강해 하루에 6킬로미터쯤은 거뜬히 이동한다고 합니다. 선인장을 비롯해 다양한 식물의 열매와 풀 등을 주요 먹이로 삼지요. 한꺼번에 많은 양의 먹이와 물을 먹어 몸속에 저장해 두는 능력이 있기 때문에, 열악한 환경이 닥쳐도 오랫동안 생존할 수 있습니다. 심지어 아무것도 먹지 않은 채 몇 달씩이나 살아남는다고 하지요. 갈라파고스코끼리거북은 여느 거북들처럼 알을 낳아 번식합니다. 또한 수명이 매우 길어 180년 정도 된다고 합니다.

분포지 에콰도르 갈라파고스 제도

크기 몸길이 1.2~1.8미터, 몸무게 400~500킬로그램

먹이 선인장, 식물의 열매와 풀 등

붉은귀거북

미국 남부 지역이 원산지이나, 지금은 우리나라를 비롯해 전 세계에 분포합니다. '청거북', '빨간귀거북', '미시시피붉은귀거북'으로도 불리지요. 몸길이 15~30센티미터 정도 되는 흔한 거북으로, 왕성한 잡식성 식욕을 자랑합니다. 물살이 세지 않은 강이나 호수, 늪 등의 물풀이 많은 곳에 주로 서식하지요. 평소에는 물속에 들어가 먹이 활동을 하다가, 햇볕이 따스한 한낮이 되면 작은 바위 등으로 올라와 일광욕을 합니다. 붉은귀거북은 등갑의 색깔이 진한 초록색에 가깝습니다. 거기에 노란색 줄무늬가 깃들어 있으며, 무엇보다 눈 뒤쪽에 붉은색 무늬가 있는 것이 특징이지요. 주둥이가 뾰족한 편이며, 눈이 약간 돌출되어 있고, 뒷발가락이 얇은 막으로 연결되어 있습니다. 또한 몸에 비해 발톱이 발달했는데, 수컷이 암컷보다 2배 정도 길지요. 하지만 전체적인 몸집은 수컷이 암컷보다 작습니다. 붉은귀거북은 온도에 매우 민감한 파충류입니다. 기온이 10도 이하로 낮아지면 호수나 연못 밑바닥에 가만히 있다가, 봄이 되면 다시 번식과 먹이 활동을 합니다.

분포지 미국 남부를 비롯한 전 세계

크기 몸길이 15~30센티미터, 몸무게 500그램~1.2킬로그램

먹이 작은 물고기와 수생식물 등

바다악어

'인도악어', '가비알갠지스악어'라고도 합니다. 여러 악어 종류 가운데 주둥이가 제일 길고, 이빨의 수도 가장 많지요. 위턱과 아래턱의 이빨을 모두 더하면 60개가 넘습니다. 게다가 몸길이 5~7미터, 몸무게 400~900킬로그램에 달해 한눈에 보기에도 위압감이 대단한 악어지요. 실제로 성격이 사납고 힘이 강력해 서식지에서 최상위 포식자로 자리잡았습니다. 물소 같은 포유동물도 강가에 접근했다가 바다악어의 이빨에 물리면 절대로 빠져나가지 못한 채 생명을 잃기 십상이지요. 오늘날 바다악어는 인도 남부의 몇몇 강과 인도네시아, 필리핀, 오스트레일리아 북부 지역 등에 분포합니다. 평소에는 물속에 잠겨 몸의 일부만 내놓고 있다가 먹잇감이 다가오면 재빨리 낚아채지요. 물소, 영양, 원숭이 등 거의 모든 포유동물이 바다악어의 사냥 대상입니다. 새끼 때부터 거북이나 도마뱀처럼 작은 동물들을 잡아먹으며 사냥 실력을 높이지요. 바다악어는 4~5월에 무려 40~90개의 알을 낳아 번식합니다. 하지만 완전히 자라나는 것은 몇 마리 되지 않으며, 사람들이 마구 잡아들여 한때 멸종 위기에 빠지기도 했습니다.

분포지 인도, 인도네시아, 필리핀, 오스트레일리아 북부 등

크기 몸길이 5~7미터, 몸무게 400~900킬로그램

먹이 물소, 영양, 원숭이, 거북, 도마뱀, 물새 등

그물무늬왕뱀

모든 뱀 가운데 가장 크다고 알려져 있는 종입니다. 완전히 성장하면 몸길이가 3.5~7.6미터에 이르는데, 암컷이 수컷보다 더 크지요. 흔히 '그물무늬비단뱀'이라고도 합니다. 주로 동남아시아의 열대우림에 분포하지요. 물이 풍부한 환경을 좋아하며, 대부분 단독 생활을 합니다. 몸 전체에서 기하학적 무늬를 관찰할 수 있는데, 그것이 마치 그물처럼 보여 그물무늬왕뱀이라는 이름을 얻게 됐지요. 그물무늬왕뱀은 어릴 때부터 쥐나 새 같은 작은 동물을 잡아먹으며 자라납니다. 그러다가 몸집이 커지면 천산갑, 고슴도치, 토끼, 원숭이, 사슴 등을 사냥하지요. 심지어 멧돼지나 말레이곰 같은 동물을 긴 몸으로 휘감아 죽여 먹어치우기도 합니다. 특히 야생 상태에서는 매우 공격적인 본능을 지녀 사람을 해칠 수도 있습니다. 그물무늬왕뱀은 번식기에 수십 개의 알을 낳은 다음 암컷이 품어 부화시킵니다. 기다란 몸으로 알들을 감싸 체온을 전달하지요. 평균 수명은 20~30년 정도 됩니다.

분포지 태국, 인도네시아, 필리핀, 베트남, 미얀마 등 동남아시아

크기 몸길이 3.5~7.6미터, 몸무게 160킬로그램 안팎

먹이 쥐, 새, 천산갑, 고슴도치, 토끼, 원숭이, 사슴, 멧돼지 등

초록이구아나

중앙아메리카와 남아메리카에 분포하는 파충류입니다. 초식성 도마뱀의 일종으로 최고 2미터까지 자라나지요. 보통은 꼬리를 포함한 몸길이가 0.9~1.8미터, 몸무게는 3.5~5킬로그램 정도입니다. 초록이구아나는 이름에서 알 수 있듯 몸 전체가 초록빛이며, 꼬리에 검은색 띠를 두른 모습입니다. 또한 목에서 꼬리까지 가시 모양의 돌기가 나 있고, 턱 밑에는 큼지막한 가죽 주머니가 보이지요. 수컷이 암컷에 비해 돌기가 발달한데다 오렌지색 반점을 지녀 성별을 구분하기 쉽습니다. 아울러 기다란 발가락을 가져 나뭇가지를 붙잡기 편리하지요. 꼬리는 일부가 잘려나가도 곧 재생되기 때문에 적을 교란하는 무기로 사용됩니다. 초록이구아나는 열대우림의 나무 위에서 서식합니다. 낮에 활동하면서 자주 일광욕을 하지요. 과일을 비롯해 토마토, 양배추, 호박 등을 즐겨 먹으며 이따금 곤충과 새알 등을 식량으로 삼기도 합니다. 번식기가 되면 암컷은 땅으로 내려와 굴을 파고 3~10개의 알을 낳습니다. 그리고 8~10주 후 새끼들이 부화하면 다시 나무 위로 올라가 생활하지요.

분포지 멕시코, 파라과이, 브라질 등 중앙아메리카와 남아메리카

크기 몸길이 0.9~1.8미터, 몸무게 3.5~5킬로그램

먹이 과일, 토마토, 양배추, 상추, 호박, 곤충, 새알 등

노랑아나콘다

아르헨티나, 볼리비아, 파라과이, 브라질 등 아메리카 대륙에 분포하는 뱀입니다. 우리가 흔히 아는 아나콘다가 10미터 안팎까지 자라는 데 비해, 노랑아나콘다는 몸길이 3.3~3.6미터에 그쳐 그보다 훨씬 작습니다. 몸무게 역시 30~40킬로그램으로 아나콘다보다 덜 나가지요. 다만 독이 없다는 점은 아나콘다와 똑같습니다. 노랑아나콘다는 물이 풍부한 초원 지역이 주요 서식지입니다. 건기 때는 굴을 파고 들어가 수분을 유지하지요. 쥐와 새, 도마뱀 등이 주요 먹이인데 우기 때는 물고기를 잡아먹기도 합니다. 번식기를 제외하고는 단독 생활을 하는 습성이 있습니다. 많은 동물들이 그렇듯 노랑아나콘다라는 이름도 겉모습에서 비롯되었습니다. 전체적으로 노란색을 띠며 타원형의 검은색 반점이 온몸을 덮고 있지요. 또한 독사들과 달리 이빨이 없습니다. 그래서 기다란 몸을 이용해 사냥감을 휘감아 질식시키는 방법으로 먹이 활동을 합니다. 특히 턱뼈가 분리되기 때문에 자기 머리통보다 큰 먹잇감도 집어삼킬 수 있습니다.

분포지 아르헨티나, 볼리비아, 파라과이, 브라질 등 아메리카 대륙

크기 몸길이 3.3~3.6미터, 몸무게 30~40킬로그램

먹이 쥐, 새, 도마뱀, 물고기 등

샴악어

태국, 인도네시아, 베트남, 말레이시아, 캄보디아 등 동남아시아의 강과 늪에 사는 악어입니다. 그런데 무분별한 개발과 사냥 탓에 그 수가 크게 줄어들었지요. 다행히 요즘은 태국 등에서 샴악어의 멸종 위기를 극복하기 위해 노력하고 있습니다. '샴'이라는 말은 '타이(태국)'를 뜻하는 것으로, 샴악어를 '타이악어'라고 부르기도 하지요. 보통 악어는 성질이 매우 사납다고 알려져 있습니다. 그러나 샴악어는 상대적으로 성질이 온순하며 머리가 영리하지요. 그래서 태국에서는 관광객을 상대로 한 공연에 이용하기도 합니다. 샴악어의 몸길이는 2~4미터이고, 몸무게는 300~500킬로그램 정도 되지요. 주둥이가 길고 평평한데다 콧구멍의 폭이 넓은 특징이 있으며, 64~66개에 이르는 날카로운 이빨을 가졌습니다. 먹이로는 작은 포유동물을 비롯해 어류, 양서류, 파충류를 잡아먹지요. 자연 상태의 샴악어는 5~6월에 20~50개의 알을 낳습니다. 그 무렵 우기가 시작되면 암컷이 진흙으로 보금자리를 만들지요. 새끼는 80여 일 만에 부화합니다.

분포지 태국, 인도네시아, 베트남, 말레이시아, 캄보디아 등 동남아시아

크기 몸길이 2~4미터, 몸무게 300~500킬로그램

먹이 쥐, 닭, 토끼, 도마뱀, 개구리, 물고기 등

나일악어

아프리카 중부와 남부에 분포하는 악어입니다. 흔히 '아프리카악어'라고 하지요. 바다악어 다음으로 몸집이 큰 파충류입니다. 보통 몸길이 3.5~5미터에 이르며, 가끔은 6미터 훌쩍 넘게 성장하기도 하지요. 몸무게 역시 350~800킬로그램에 달해 몸집만으로도 상대를 압도합니다. 게다가 성질이 무척 사나워 사람들까지 치명적인 피해를 입습니다. 워낙 서식지가 넓은데다 그 수가 많아 주의가 필요하지요. 나일악어는 삼각형 머리에 갑옷을 입은 듯 단단해 보이는 외모를 가졌습니다. 턱 쪽에 진동을 감지할 수 있는 특수 기관이 있어, 물속에서 먹잇감이 움직이는 것을 금방 알아채지요. 아울러 후각도 발달해 매우 뛰어난 사냥 실력을 뽐냅니다. 나일악어의 날카로운 이빨에 한번 물리면 얼룩말, 영양, 물소 같은 대형 포유동물도 빠져나갈 수 없지요. 물론 이렇게 난폭한 악어도 어릴 적에는 개구리, 뱀, 물고기 등을 잡아먹습니다. 나일악어는 번식기 때 강가의 땅에 구멍을 파서 20~100개의 알을 낳습니다. 새끼는 약 80일 만에 부화하는데, 한동안 어미의 보호를 받으며 살지요. 평균 수명은 40~50년입니다.

분포지 아프리카 대륙 중부와 남부

크기 몸길이 3.5~6미터, 몸무게 350~800킬로그램

먹이 얼룩말, 영양, 물소 등

콘스테이크

우리말로 하면 '옥수수뱀'이라는 재미있는 이름을 가진 파충류입니다. 북아메리카가 원산지로, 독이 없는 온순한 뱀이지요. 콘스네이크는 몸으로 먹이의 숨통을 조여 죽인 뒤 잡아먹습니다. 몸길이가 60~120센티미터 정도인데다 비늘의 색깔이 아름다워, 요즘은 애완동물로도 인기가 높다고 합니다. 이 뱀이 콘스네이크라는 이름을 갖게 된 데는 두 가지 설이 있습니다. 그 중 하나는 배 쪽 비늘의 무늬가 옥수수 알갱이를 떠올리게 한다는 의견입니다. 그리고 다른 하나는 이 뱀이 옥수수 창고에서 자주 발견되어 그와 같은 이름이 붙게 되었다는 주장이지요. 콘스네이크는 야행성입니다. 낮에는 바위 틈이나 수풀 속에서 숨어 지내다가 해가 지면 먹이 활동을 시작해 개구리, 쥐, 새 등을 잡아먹지요. 자신의 머리 크기와 비슷한 먹잇감이라면 별 어려움 없이 한 입에 삼킬 수 있습니다. 일주일 남짓에 한 번 먹이를 먹는 것으로 충분하며, 그것을 완전히 소화시키는 데 사흘쯤 걸리지요. 평균 수명은 6~12년입니다.

분포지 미국을 중심으로 한 북아메리카

크기 몸길이 60~120센티미터, 몸무게 400~800그램

먹이 개구리, 쥐, 새, 도마뱀 등

팩맨개구리

남아메리카뿔개구리속에 속하는 개구리를 일컫습니다. 몸집에 비해 커다란 입이 게임 캐릭터인 팩맨을 닮았다고 해서 이와 같은 이름이 붙었지요. 특히 차코뿔개구리가 팩맨개구리의 대표 종으로 알려져 있습니다. 팩맨개구리는 몸길이 10~20센티미터까지 자라납니다. 일반적으로 암컷의 모집이 수컷보다 크지요. 평균 수명도 10~15년에 이릅니다. 팩맨개구리의 몸 색깔은 노란색 바탕에 주황색 줄무늬, 갈색 바탕에 연두색 줄무늬 등 다양하지요. 애완동물로 인기가 높은 개구리인 터라, 사람들이 인공 번식을 통해 다채로운 몸 색깔을 만들어냈기 때문입니다. 팩맨개구리는 야생에서 다른 개구리들을 즐겨 잡아먹습니다. 그 밖에 곤충을 비롯해 도마뱀, 도롱뇽 등도 주요 먹이로 삼지요. 앞서 설명한 대로 입이 커서 자기 몸보다 큰 먹잇감도 공격하는 경우가 흔합니다. 하지만 소화력은 다른 종의 개구리들과 별로 다를 바가 없어, 그런 습성이 장을 막아 죽음을 맞기도 하지요. 따라서 사육할 때는 주의가 필요합니다.

분포지 브라질, 아르헨티나, 수리남, 베네수엘라, 에콰도르 등

크기 몸길이 10~20센티미터

먹이 개구리, 곤충, 도마뱀, 도롱뇽 등